アカバナ

イガクサ

イヌハギ

オヒゲシバ

カラスノゴマ

キンコウカ

ギンバイソウ

コウヤボウキ属4種

コウヤボウキ

コウヤボウキの総苞

ナガバノコウヤボウキ

ナガバノコウヤボウキの総苞

クルマバハグマ　　　　　クルマバハグマの総苞

カシワバハグマ　　　　　カシワバハグマの総苞

コバイケイソウ

タウコギ

ツクバネウツギ

ナツエビネ

バイカウツギ

ハンカイソウ

フシグロ

花の果て、草木の果て

命をつなぐ植物たち

田中 徹

淡交社

目次

風になびくカタハノアシ　　　　　　　　　タシロラン

はじめに ………………………… 20

草の果て

アレチマツヨイグサ ……………… 24
ウツボグサ ………………………… 25
ウマゴヤシ ………………………… 26
ウマノスズクサ …………………… 27
オオオナモミ ……………………… 28
オオブタクサ ……………………… 29
オニルリソウ ……………………… 30
ガガイモ …………………………… 31
ガマ ………………………………… 32
カラスウリ ………………………… 33
クズ ………………………………… 34
コウボウムギ ……………………… 35
シオデ ……………………………… 36
ジャコウソウ ……………………… 37
シュウメイギク …………………… 38
スイラン …………………………… 40
スズムシバナ ……………………… 41
セイタカアワダチソウ …………… 42
センナリホオズキ ………………… 43
ツルドクダミ ……………………… 44
ツルニンジン ……………………… 46
ツルボ ……………………………… 47
ナギナタコウジュ ………………… 48
ニラ ………………………………… 49

ハナミョウガ ……………………… 50
ハマデラソウ ……………………… 51
ヒルガオ …………………………… 52
ヤブタバコ ………………………… 54
ワルナスビ ………………………… 55

木の果て

アカメガシワ ……………………… 58
アケビ ……………………………… 59
イチジク …………………………… 60
エニシダ …………………………… 61
エビヅル …………………………… 62
キブシ ……………………………… 63
センダン …………………………… 64
タブノキ …………………………… 65
ツクバネ …………………………… 66
トベラ ……………………………… 67
ナニワズ …………………………… 68
ヌルデ ……………………………… 70
ネムノキ …………………………… 71
ハマゴウ …………………………… 72
フサザクラ ………………………… 73
ブラシノキ ………………………… 74
ミカエリソウ ……………………… 76
モミジバスズカケノキ …………… 78
ヤマウルシ ………………………… 79
ユリノキ …………………………… 80

目次

センダン

ヌートリアに害されたダイコン

受難の果て

アオキ	84
カクレミノ	85
キョウチクトウ	86
クロマツ	87
コセンダングサ	88
ゴボウ	89
ソテツ	90
タケニグサ	91
ヒヨドリバナ	92
フジ	93

生きる果て

ウキヤガラ	96
オオイヌタデ	97
ガガブタ	98
カキノミタケ	99
カナビキソウ	100
キクラゲ	101
クチナシグサ	102
クロモ	103
シロネ	104
スズメノヤリ	105
タシロラン	106
タチヤナギ	107
ツルナ	108
ドクゼリ	109
ナガエノスギタケダマシ	110
ネナシカズラ	111
バショウ	112
ハラン	113
ハンノキ	114
ヒシ	115
ヒレタゴボウ	116
ムカゴニンジン	118
ヤブマメ	120
ヤマウバノカミノケ	121

あとがき	124
植物名五十音索引	126

COLUMN｜はてなのはて

アザミ類
襟巻きアザミはモードを変える？ … 56

ヤブソテツ
真冬の早朝 ヤブソテツの葉は？ … 82

アイオオアカウキクサ
船の内外で色を分ける … 94

ガマ
へんなガマ 大集合！ … 122

はじめに

動物も植物も子孫をつくることで何億年も生命を伝えてきた。ベニクラゲというクラゲの一種は、子孫をつくりはしないが、死ぬ前に分身するので決して果てることがないという。インドのバンヤン（ベンガルボダイジュ）は、一株の木が枝を分け、気根を垂らして広がり続け、やがて大きな森になるという。樹齢や、個体の概念すら定かではないままに森は果てしなく続くこととなる。しかし、果てがないことは、「不老」あるいは「不死」を意味するものではない。

　植物は枯れる。プログラムされた遺伝子の発現によって枯れる場合もあれば、与えられた環境に適応できず、あるいは病害虫などによって枯れる場合もある。地上に固定して生育しているために植物がもっている特質の1つは、その生育場所を移動できないことであり、それだけ環境の変化によって大きく影響を受けるということである。

　さまざまに工夫を凝らした手段や方法で繁殖体や種子を散布し続ける植物ではあっても、好ましい場所を自ら選ぶということは不可能に近い。上手くいけばそこで根づいて生活を営み、そうでなければ枯死するのみである。このやり方で植物は綿々と生きつないできた。

　現生するすべての植物は、はるかなる過去の時間をくぐり抜けてきた植物たちの「末裔」であり、あるいは「なれの果て」ということができる。

　「果て」はいまも続き、くり返されている。

凡例
○植物名は通称や俗称で立項したものもあります。
○本文中の記述は撮影当時の状況に基づいたもので、
　植物のある時期や場所を特定するものでは
　ありませんのでご了承ください。
○植物ではなく菌類に分類されるべきキノコについては、
　本書の主旨内容にふさわしいと思われるものを何点か取り上げました。

草の果て

ゴミの浜がよく似合う「宵待草」

アレチマツヨイグサ
アカバナ科
Oenothera parviflora

　海岸に漂着したゴミの山、そのなかに北米原産の帰化植物アレチマツヨイグサが群生する(一部の個体は帯化[石化]している)。漂着ゴミを栄養分としているのだろうか。海岸の砂浜は、高山の岩場にも匹敵するほど過酷な環境といわれ、多年草がほとんどを占める。地下を深くめぐる根茎が生存を可能にしている。アレチマツヨイグサのような二年草が生える例はごく少数の種類に限られる。「アレチ」の名が示すとおり撹乱された荒地にロゼットをつくり長い直根をもつ。やがて夕暮れには優雅な花を開く。

ロゼット……葉が地表で放射状に平らに広がった様子

冬枯れのなかに立ち続ける「夏枯草」

ウツボグサ
シソ科
Prunella vulgaris ssp. asiatica

夏の盛りの頃にはすでに花が終わり、急に枯れた姿となるため、ウツボグサは夏枯草(かこそう)と呼ばれる。しかし、枯れたように見える穂は、しっかりと茎に支えられている。花が終わると萼(がく)は閉じて実を包み込む。このような性質はシソ科植物では珍しい。さらにハート型の苞(ほう)が鱗(うろこ)のように重なり合って実を守り続ける。冬をむかえると、その苞は長い毛とともに陽光に照らされてすき透るように白く輝き、「老いてのちの花」を咲かせる。

草食獣と運命を共にする

ウマゴヤシの実は熟すと黒くなるが、多くは黒くなる前に外れてしまう。渦巻き型の実には刺（とげ）があり、その先は曲がっている。動物に付着するためである。ところが葉を食べにきた動物は葉と一緒に若い実も口にする。熟すまで待ってはくれないのだ。そこでウマゴヤシは、若いタネも発芽能力をもつように適応した。ほかの植物にはあまり例のない思い切った性質である。草食動物の行き来がない公園などでは、まるで在庫一掃セールのようにいっせいに実を落とすことになる。

ウマゴヤシ
マメ科
Medicago polymorpha

実を結ぶのは
奇蹟か？

ウマノスズクサ
ウマノスズクサ科
Aristolochia debilis

　ウマノスズクサの実は、熟すと果柄（かへい）が縦に裂け、「馬の首につける鈴」のようにぶら下がる。"幻の実"とさえいわれるほど実を結ぶのが稀である。この植物を食草とするジャコウアゲハは、実をも好んで食べてしまうことがわかってきた。摂食行動を刺激する化学物質が含まれているらしい。『牧野日本植物図鑑』のスケッチなどにはカボチャ型の丸い実が描かれているが、その後の観察報告では縦長でやや途中がくびれた落花生型で、かなり異なっている。この謎はいまなお解けていない。

冬、池底に大群生が出現

オオオナモミ
キク科
Xanthium occidentale

　池の周りや川岸にはオナモミ類が多い。実（果苞）が水に浮いて流され、刺が引っかかったところで芽を出すためである。ダム湖などでは前年の水位を正確に推定できる。灌漑（かんがい）用の溜池は冬の間、水を抜かれて「池干し」されることが多い。水面に浮いていた実は、池の底でいっせいに芽生える。とくにオオオナモミは大群生となる傾向がある。草丈は10センチ足らず、大急ぎでつけた実は、できた順に茎から外れるところが通常のものとは違う。春、水が戻されると実は水面に浮いて流され、新天地をめざす。

神のみの食物

オオブタクサは、「ブタクサ属の一年草」とはいっても、ブタクサと格段の差がある。草丈は6メートルを超すこともあり、実の大きさも半端じゃない。多くのキク科植物とは違い、実には冠毛(かんもう)も刺も粘着成分もない。数個の突起はあるが付着機能をもたない。属名のアンブロシアとは「神の食物」を意味する。これはその昔、不老長寿の薬とされた別植物名の誤用によるという。硬い総苞に包まれた実(偽果)にはとても歯が立たないが、将来の食糧として有望視する人もいる。いまだ「神のみの食物」である。

オオブタクサ
キク科
Ambrosia trifida

冠毛……果実の上に束になって生じる毛のこと

4人連れの
ヒッチハイカー

オニルリソウ
ムラサキ科
Cynoglossum asperrimum

　オニルリソウの「オニ」とは、草全体に粗い剛毛があることによる。この毛がいかに重要なものであるかは近縁の種類を見ればわかる。毛が細かくて柔らかいオオルリソウはシカに食べられて近頃減ってしまったからである。1つの花から4個の実ができるのがこの仲間に共通の性質で、分果と呼ばれる。タネといわないのは、それぞれに果皮が残るためである。果皮には鉤（かぎ）状の刺が多く、これで動物に付着する。この4人連れのヒッチハイカーは枝を四方に思い切り広げて、通りかかる動物をひたすら待つ。

天空を翔ける
「蘿摩船」

ガガイモ
キョウチクトウ科
Metaplexis japonica

ガガイモの実を初めて目にした人は、蔓に"イモ"がぶら下がっていると思うに違いない。しかしその"イモ"のなかには絹糸状の毛をもつタネが行儀よく並び、やがて風に乗って飛び散る。残った実の殻はカヌーのような形で、内面には鏡のような光沢がある。『古事記』にはスクナヒコナノミコトが「天の蘿摩船」すなわちガガイモの船で海を渡ったとある。またギリシャ神話では、病いを治す神アスクレピオスが、この仲間（旧ガガイモ科）の船に乗って登場する。古代人は、ガガイモ類の実を"船"に見立てたようだ。

壮大なる無駄

　ガマの穂が出そろう頃、新しい穂のなかに古い穂がかなり残っていることに気づく。古い穂のタネはもはや風に乗ることはない。1本の穂に10万個とも30万個ともいわれる大量のタネをつくるため、タネは綿毛よりも軽く、小さくなった。その結果、綿毛が絡んでしまうとタネはすべて無駄となる。それだけではない。この大量のタネの半分はじつはしいな（中身のないタネ）だという。穂の内部に空洞をつくり乾燥させるためと考えられている。この「壮大なる無駄」がガマという植物の繁栄と存続を支えてきたのだ。

ガマ
ガマ科
Typha latifolia

「打出の小槌」を財布に入れても

カラスウリ
ウリ科
Trichosanthes cucumeroides

　カラスウリは赤い実で鳥を誘い、ぬるぬるした果肉に包まれたタネは、鳥の消化管を通り抜けて、新たな地へ運ばれる。実際ヒヨドリなどの糞から未消化のタネが確認されている。ところが、「打出の小槌」の形をしたこのタネは、通り抜けるためにしては奇妙な形である。本体は真ん中の部分だけで、膨れた両側は空洞となっている。これは丸ごと嚙み砕いて食べてしまう鳥に対するダミー（見せかけ）との見方もある。縁起を担いで財布に入れても、ダミーでは効果は期待できない。

人とのつき合い方

陽光を受けて黄金色に輝くクズの実(莢・さや)は、冬になってもすぐには落ちない。なかにはしいな(扁平で濃茶色)と、ほかに2種類のタネが混在する。淡茶色のタネは湿るとすぐに発芽するが、数はごく少ない。大半は斑(まだら)模様で、こちらは硬くて日常の条件下では発芽しない。クズの実生苗(みしょうなえ)を野外でほとんど見ないのはそのためである。古来、人は蔓や葉・花・根に至るまで利用してきたが、実とタネの利用は聞かない。使われることのないまま、非常時にキープしておくのはクズの作戦ともいえる。

クズ
マメ科
Pueraria lobata

砂に埋もれた筆

コウボウムギ
カヤツリグサ科
Carex kobomugi

　破れた衣をまとい、一夜の宿を乞うた僧がそのお礼に書状を残した。筆墨の備えもなく、浜より1本の草を持ち来たり、木炭を墨の代わりとした。北陸路をさすらった蓮如の姿をいまに伝える話である。コウボウムギは雌雄の花穂をつけた茎が筆の形に似ることからフデクサとも呼ばれる。地中にある古い葉鞘(ようしょう)の繊維が腐らずに残り、実際に筆として使うことができる。古くより、雅味ある筆として愛用された。冬の荒波が砂土を削り、眼前にあらわれたのはまぎれもなく「筆」であった。

葉鞘……鞘状に茎を包んでいる葉の部分

原野に取り残された黒い実

赤い実をつけたサルトリイバラの蔓はリースの飾りにも重宝される。それとは対照的にシオデの実は熟すと黒くなり、イメージがまったく異なる。ところが両者は共に同じ分類群に属し、実の色の違いは色素濃度によるものといわれている。冬の原野に残されたシオデの実は、雪にさらされてようやく味が良くなるのであろうか。遠距離散布をねらう植物は、冬の終わりに帰還する渡り鳥に合わせて、食べられる時季を遅らせるという見方もある。

シオデ
シオデ科
Smilax riparia

冬に完成する
「小さな籠」

ジャコウソウ
シソ科
Chelonopsis moschata

　揺すると麝香(じゃこう)の匂いがするところからジャコウソウの名がついたとされる。揺すってみたが特別の匂いはない。淡紅色の可憐な花が匂い立つほど美しいということだろうか。この植物から目が離せなくなるのは花が終わってからである。シソ科の植物には、花後になって萼が大きく成長する性質が少なからずある。ジャコウソウの萼は、丸く膨れてきてみるみる大きくなる。冬が近づくにつれて、その萼は色が抜けて白い脈だけとなり、天然の小さな籠ができ上がる。

東アジアの「風の花」

シュウメイギク
キンポウゲ科
Anemone hupehensis

わが国で古くからキブネギク（貴船菊）の名で知られる紅紫色で半八重咲きのシュウメイギクは、実をつけることはない。その母種は中国西南部に自生し、一重咲きの白い花を咲かせ、綿毛のような長い密毛に覆われた実をつける。花弁状をした萼片の外形から、秋に咲くキクの花になぞらえて秋明菊と呼ばれるようになった。属名のアネモネとは、ギリシャ語の「風」を意味するアネモスに由来するという。タネのような小さい実（痩果・そうか）が風によく運ばれて飛散する様子から「風の花」とも呼ばれる。

上：表面の小さな粒が実。割れ目から綿毛のような密毛が飛び出す
下：綿毛が飛び出し、風になびく様子

儚い手毬

スイラン
キク科
Hololeion krameri

　湿地にはランの仲間が数多く見られるが、キク科で「ラン」と名がつくのはスイランだけである。花は典型的なキク科の花である。ただし細長い葉がランの葉に似ていないこともない。アジア東部に2種あるスイラン属の特徴は冠毛にある。褐色を帯びた冠毛の毛は数が少なくて1列に並び、デリケートで折れやすい。したがって飛散力は小さい。遠くの新天地をめざすより近くの湿地内に着地することが優先される。口で吹いただけでこわれてしまいそうな冠毛の玉は全体が丸まって、まるで儚い手毬のようだ。

鈴虫はここにいた！

スズムシバナ
キツネノマゴ科
Strobilanthes oliganthus

　鈴虫の鳴く頃に咲く花は数多あるが、スズムシソウ（ラン科）は花の形を鈴虫に見立てたらしい。一方、スズムシバナは似ても似つかない形で、何故その名で呼ばれるのか不明であった。秋も深まった頃、スズムシバナのタネはすでに弾け飛び、果皮片も落ちてしまっていた。茎の上部には葉状の苞と5裂した萼だけが残っている状態であった。すると黒く変色した葉状の苞はまるで鈴虫の翅（はね）に見え、開いた萼裂片がその脚のように見えるではないか！　長年の疑問が見事に解けた瞬間である。

消えない
ビールの泡

セイタカアワダチソウ
キク科
Solidago altissima

　冬の訪れと共に、セイタカアワダチソウの花穂は泡立つように冠毛を浮き立たせ、タネ（痩果）に変わる。アワダチソウの名は、無数のタネがまるでビールの泡のように盛り上がって見えることに由来する。なにしろ1個体あたり5万3千粒ものタネができるという報告もある。タネは軽く、冠毛があるのでよく飛ぶはずだ。しかし、どうしたことか年を越して3月になっても枝についたままである。地下茎による繁殖も併せもつので、タネはより遠くへ運ばれるもっと強い風を待っているのだろう。

色づかない鬼灯

センナリホオズキ
ナス科
Physalis angulata

　古くは、浅草観音のホオズキ市で、センナリホオズキが売られていたという。多くの実がなり、縁起が良いと共に、夏の流行り病に備える民間薬でもあったらしい。平安時代以前から知られていたホオズキに対して、センナリホオズキは江戸時代後期になってから登場する。花後、萼が袋状に大きくなって球形の実を包むところはホオズキと同じであるが、萼や実は決して赤く色づくことはない。枯れているように見えても、萼の袋のなかには鮮やかな緑色の実が隠されていた。

野に放たれた薬草

ツルドクダミ
タデ科
Pleuropterus multiflorus

ツルドクダミは、唐の時代には不老長寿の薬草と考えられていた。中国では「何首烏（かしゅう）」と呼ぶ。地中にできた塊根を煎じて服用した何（か）という老人の髪は烏（からす）のように黒かったという伝説による。この薬草を取り寄せて広めたのは徳川八代将軍吉宗である。そのため全国の城内で栽培されていたという。しかし、実際には江戸に先立って長崎に渡来していたらしい。イタドリのような実ができるが、実つきがまばらに見える。これは1つの花序に雄花と雌花が混じって咲くためである。

上左：地表に顔を出した塊根
上右：塊根断面
下：雌花と雄花が混じって咲くツルドクダミの花

ミニ風車が
枯れる頃

ツルニンジン
キキョウ科
Codonopsis lanceolata

　ツルニンジンの萼は深く5つに裂けて、小さな風車を想わせる。実のなかには行儀よくタネが並び、タネの一方には翼(よく)がついている。ツルニンジン(別名ジイソブ)に対して、類似種のバアソブのタネには翼がないので、区別して"翼(よく)ばり爺(じい)さん"と覚える。晩秋、ミニ風車が枯れる頃に掘った根を焼いて裂くようにして食べる。根の形はチョウセンニンジンにそっくりだ。その昔、根を掘って回る男がいたが、いっさい人と話をしなかったという。どうやらチョウセンニンジンの偽物をつくる目的だったらしい。

枯れた茎を探す

ツルボの仲間は約100種を数えるが、わが国にはツルボただ一種が分布するのみで、貴重な植物である。春に出た葉は例外なく夏までに地上から姿を消す。秋になると、2枚の葉の間から花茎が生じるが、そのなかにまったく葉をつけずに花茎だけのものが混生する。日本列島と大陸のツルボが混じり合って複合種が生じた結果だと考えられている。飢饉（ききん）の時、その鱗茎（りんけい）が多くの人々の命を救った話が伝わる。食用となる大きな鱗茎は葉のない時に限られるので、枯れた果茎でその場所を探り当てる。

ツルボ
キジカクシ科
Barnardia japonica

鱗茎……葉や葉の一部が多数重なって球形になった地下茎

好き嫌いが
分かれる香気

花が花序の片側に並んで、長刀（なぎなた）のように反り返るところからナギナタコウジュの名がある。晩秋になってタネ（分果）を飛ばしたのちも姿形は変わらず、全体に色が抜けて優しい感じになる。シソとハッカを合わせたような特異な香気があり、昔から浴湯料として用いられた。しかし、この香気は人によって好き嫌いが極端に分かれる。ネズミは嫌って近寄らないので、ネズミ除けによく使われた。シカも嫌うため、山間部ではナギナタコウジュの群生地が各地に出現している。

ナギナタコウジュ
シソ科
Elsholtzia ciliata

原産地はモンゴルだが……

ニラ
ネギ科
Allium tuberosum

　ニラは『古事記』や『万葉集』にも登場するほど古くから知られた野菜であるが、原産地はモンゴルの草原地帯という。酸性土壌が大の苦手で、石灰岩質の山ではしばしば大群生となる。コンクリートの道路ぎわにも生えて「もしや自生地では?」と思わせる場所が各地に出現している。ニラ特有の匂いは、もともと動物の食害から身を守るためと考えられる。ところが冬の厳しいモンゴルでは、逆に家畜にとって冬を越すためには欠かせない牧草になっているというから皮肉なものである。

赤い実を
食べたのは誰だ？

ハナミョウガ
ショウガ科
Alpinia japonica

　植物の実が赤いのは一般に、鳥類に食べられて、そのタネを運んでもらうためである。赤い色を識別できる動物は、ほかに霊長類や昆虫の一部（アゲハ類）、海産のウミウシ類などに限られている。闘牛のウシは、色ではなく振られた布の動きに興奮しているだけだ。ハナミョウガの花茎は、大型の鳥が止まって実を食べるには弱くて不安定である。小鳥なら大丈夫かもしれないが、タネはかなり大きい。いずれにしても、この植物の実を、少々行儀の悪い食べ方でかじったのは、いったい何者なのであろうか。

定住地の条件とは?

墓地の片隅にハマデラソウが群生する。北米南部原産の一年草で、80年ほど前わが国の海岸砂地で見つかり、発見地に因んで名づけられた。その後姿を消したが、その海岸近くの墓地で再び発見された。実にはトサカ状の突起と、白色の長い綿毛がある。この毛には粘着性があり、人や動物に付着して運ばれる。ところが皮肉なことに、大事に保護されると人や動物の出入りがなくなり運ばれる機会が奪われてしまう。この墓地は人や動物の出入りがあるので、どうやら定住の地となったようだ。

ハマデラソウ
ヒユ科
Froelichia gracilis

雑種で子づくり？

ヒルガオを庭に植えるという話はあまり聞かない。花の姿形や大きさはアサガオに引けを取らない。アサガオはその昔、タネを牽牛子（けんごし）と呼び、牛と交換されるほど薬草として珍重された。一方ヒルガオは耕作地に入り込み、実を結ぶこともなく、ちぎれた地下茎で子孫を殖やすという別の道を選んだ。ところが近年ヒルガオに実ができたという話をよく耳にするようになった。近縁種コヒルガオとの雑種か、あるいは遠く離れた地域のヒルガオとは実を結ぶことがわかってきた。

ヒルガオ
ヒルガオ科
Calystegia japonica

上:ヒルガオの花。苞に包まれた花がらが実のように見えるが、タネは入っていない

下:近縁種のコヒルガオ

"猪の尻"の魅力

ヤブタバコは頭花に柄をもたず、葉に隠れて下向きに咲く。生えるのは目立たない林床である。根元の葉の形がタバコの葉に似るのでこの名がついた。実が熟すと特異な臭気を発して動物にアピールする。そして夜、けもの道を行き交う動物の体に、実の粘液で付着する。けものの背丈ほどの高さで傘のように枝を広げているのはそのためである。タバコの渡来前はイノシリグサ(猪尻草)と呼ばれていたという。理由はその臭気による。月の光のもとでヤブタバコの実は微妙に輝いて見えた。

ヤブタバコ
キク科
Carpesium abrotanoides

鈴なりの"金の玉"

ワルナスビ
ナス科
Solanum carolinense

　熟した実には毒成分があり、茎や葉には刺が多いので、ワルナスビに近寄る者はいない。草刈りや火入れを行うと逆に殖えて困ることになる。著しい再生力を備えた地下茎が地中深く横走しているからである。この繁殖力の強さをいっそのこと栽培植物に取り込もうという試みもある。春から秋まで咲き続けるので、その分、実の数も多い。憎まれ者ではあるが、黄金色の玉のような実を鈴なりにつけた姿は、殺風景な冬景色のなかでは、けっこう絵になるものである。

アザミ類 | キク科 | *Cirsium sp.*

COLUMN
はてなのはて①

襟巻きアザミは
モードを変える？

　アザミ類の花には、時として総苞が葉状に大きく発達して頭花を取り囲み、「襟巻き」のようになったものが見つかる。車咲きといわれるこの変形品は、ノハラアザミのほか、ノアザミ・キセルアザミにも出現し、「クルマアザミ」の名で呼ばれることもある。この現象は年々だいたい同じ場所で発生するが、不思議なことに同じ形とはならない。年によって「襟巻きモード」が変わるのである。

木の果て

土に埋もれて待機

伐採後などにいち早く生えてくる植物がある。それらは周囲からもやって来るが、伐採前から土のなかに埋もれていたタネによることが多い。アカメガシワはその代表種である。チャンスがいつ来るか予測がつかないので、そのタネの寿命は結果的に長くなければならない。アカメガシワは10年以上も土のなかで待機できるといわれている。しかし、その場所に生えるのは一代限りで、やがて日陰に耐える樹種に取って代わられる運命にある。自らの遺伝子を引き継ぐタネを土中に残して消えてゆくのである。

アカメガシワ
トウダイグサ科
Mallotus japonicus

みんなに
好かれるタイプ

アケビは古い形質を残す植物である。アケビ科は東アジアと南米に隔離分布するので、大陸が分離する前から、祖先となる植物が存在していたことになる。蔓でほかの植物によじ登り、甘い実をつけてさまざまな鳥やけものを誘う。おまけにタネにアリの好む物質をつけて運ばせるという用意周到さである。タネの散布を特定の動物に限らないことは、形質の古さを物語っている。自花不和合性が強いので一株では結実しない。河原の空地を埋めるように茂ったアケビも元は一株なので実はできない。

アケビ
アケビ科
Akebia quinata

自花不和合性……種の遺伝的多様性のため自家受精を防ぐ性質

モーゼを救った残果

イチジクの原産地はアジア西部といわれる。わが国では8月後半になるとおいしく成熟する。実（花のう）はその後もできるが、いったん成長を止めてしまい、枝に残ったまま冬をむかえる。残果と呼ばれるこの実は、翌年の春になってから大きくなる。見映えは良くないが、けっして不味ではない。パレスチナの地では紀元前2千年頃、イチジクはすでに栽培されていたといわれ、モーゼと行動を共にした人々の飢えを救い、イエスの求めた食物として聖書にも登場している。

イチジク
クワ科
Ficus carica

空飛ぶ魔女の箒

エニシダは緑色の細い枝を叢生（そうせい）するが、葉の数は少なく、ほとんど枝だけのこともある。枝で光合成をすることに重きを置いているのだろう。枝を束ねるとそのまま箒（ほうき）として使える。英名のブルームが箒という意味をもつのはそのためである。幻覚をもたらす有毒成分が植物全体に含まれ、とくに実の毒は強いらしい。莢は熟すと黒く変色する。縫合線（莢の合わせ目）には白い絨毛（じゅうもう）があり、どこか不気味である。この枝の箒に魔女がまたがる空中飛行伝説が魔女狩りの悲劇を生んだ。

エニシダ
マメ科
Cytisus scoparius

グレープ味の雪？

今日いうブドウはわが国には自生しない。ブドウは約6千年前の古代エジプト時代から知られていた。わが国には中国を経て渡来したと伝えられるが、そのいきさつは明らかではない。それ以前、わが国ではブドウ属の植物のことをエビと呼んでいた。もちろんヤマブドウという名称もなくヤマエビなどといった。今日のエビヅルこそ、古代からの名称をいまに伝える植物名といえる。エビヅルの実は熟すと黒く見えるが、雪ににじんだ果汁は紫がかった赤色をしている。この色がほんとうの葡萄（えび）色だったのだ。

エビヅル
ブドウ科
Vitis ficifolia

「売れ残り」といわれても

早春、葉に先立って花を咲かせるキブシは、6月にはもう実をつけている。実は熟すと褐色になるが、枝にそのまま残っているものが多い。鳥に好まれないのはタンニンを多く含むからで、焦げたように黒く硬くなってしまう。しかし、この「売れ残り」の実も、晩秋になればやがて果皮が破れてタネが顔を出す。はっとするような輝きをもつ白いタネである。このタネはそのまま落下して水の流れに乗って運ばれるのであろうか。キブシが谷間の川沿いに多く生えるのはそのためと思われる。

キブシ
キブシ科
Stachyurus praecox

"千の風"より
"千の団子"

センダン
センダン科
Melia azedarach

　秋、黄褐色に熟したセンダンの実は、冬の寒さが増すと白っぽく変色して柔らかくなる。ヒヨドリなどが盛んにやってくるのはその頃である。センダンの名の由来を「千個(多数)の団子」とする俗説は、おいしそうに鳥が実をついばむ姿を見た人たちの願望から生まれたものに違いない。古代から霊木として扱われ、日本固有種と考えられていたが、原産地はヒマラヤの山麓地帯らしい。「魂を鎮める」霊木が、時代を経ていつの頃からか獄門さらし首の台木となっていく過程は興味深い。

根元に並ぶ「美欄」

大きく樹冠を広げたタブノキの根元にはコブ状の膨らみが並び、まるで石仏が置かれているように見えた。マツなどにできるコブ病菌によるものとはどうやら違うようだ。その成因については不明である。長い歳月を生き抜いてきた老木に限って見られる現象で、一種独特の風情がある。タブノキは古くから人々に親しまれ、とくにこのコブ状の部分は木目が美しいため「美欄(びらん)」と呼ばれて珍重された。パイプや美術的な木工品の材料として利用される。

タブノキ
クスノキ科

Machilus thunbergii

雪のなかで
風を待つ

ツクバネ
ビャクダン科
Buckleya lanceolate

　ツクバネの実は、初釜の茶事で縁起物として吸物に入れたり、正月用の茶花として珍重される。モミ・スギ・ヒノキなどの針葉樹に半寄生するとされるが、実際にはカエデ類やコナラ・ネジキなど多くの樹種に及んでいる。春、発芽したタネ（実の内部を満たしてただ1個）は、初めのうちは胚乳の養分で育ち、やがてほかの植物の根に寄生根をさし込む。成功しなかった実生はまもなく枯死する。共食い（ダブル寄生）を回避するため、4枚の苞は親元から遠ざかる大事な役目を担っている。

鳥だまし商法で
完売？

トベラ
トベラ科
Pittosporum tobira

　約200万年前、トベラは本土から千キロメートル以上も海を渡って小笠原諸島にたどり着き、その後4種に分化したという。トベラの実（朔果）は果肉をもたない。代わりに粘液に包まれた赤いタネが、熟した実に擬態していると考えられている。小笠原の島々にはタネの粘液で鳥の羽毛に付着して運ばれた可能性が高い。地理的に隔離された海洋島に、鳥の糞中から芽生えて島伝いに移動するとは考えにくいからだ。トベラはいままでずっと、そしてこれからも鳥をだまし続けることになるのだろうか。

真夏の宝石

ナニワズ
ジンチョウゲ科
Daphne kamtchatica var. jezoensis

　ジンチョウゲ属で夏に葉を落とす「夏坊主」がわが国に数種ある。オニシバリとナニワズは共に初夏に落葉して夏休みに入る。なかには葉をつけた個体も混じるが、それらはみな若木や幼木で、彼らには夏休みはない。オニシバリは夏の期間中ずっと休むが、雪国生まれのナニワズは夏の盛りにはもう新葉を出し始める。雪に閉ざされた生活に備えるためであろうか。そのため落果も早い。枯枝に宝石を散りばめたように輝く実を見ようと足を運んでも、なかなか出合えなかったのはそのためである。

上：黄花のジンチョウゲにたとえられるナニワズの花
下：ナニワズは残雪の頃に満開をむかえる

"ショッペショッペノキ"

ヌルデ
ウルシ科
Rhus japonica

ヌルデ（別名フシノキ）の葉は、中軸に翼がある点でほかのウルシ類と区別できる。その翼は北方へいくほど顕著になる。逆に、八重山諸島のヌルデには翼がなく、タイワンフシノキと呼ばれる。晩秋になると、実の表面が不思議なことに塩の味がする白い粉で覆われてくる。シオナメといって実ごと口に入れて舐めるのは子供たちだけではない。ほかにシオノミ・シオカラノキ・ショッペショッペノキなど100を超す地方名があり、塩の代用としていかに重要な植物であったかを物語る。

地震を予知する異端者

芽を出すのをやめてしまったのでは？ と思う頃、ネムノキはそろそろ活動を始める。熱帯域に多い種類なので、わが国では目覚めが遅いのだろうか。ところが芽を出し始めると、あとは驚くほどの要領の良さである。できた実は、その中身を疑いたくなるほど薄っぺらいが、気がついた頃には、すでにタネの散布を終えている。かつては地震を予知する木として注目されていた。地震の十数時間前に生体電位が大きく変化するという。数多いマメ科植物のなかでも優れた異端者である。

ネムノキ
マメ科
Albizia julibrissin

頭が良くなる枕？

海岸の砂浜に生えるハマゴウは「浜香」と書き、葉や枝の粉末を線香にしたといわれる。秋になると枝の先にいっぱい実がなるが、その実はまだあまり香らない。冬も近づく頃、同じ浜に行ってみた。雨風にさらされて実の数は減り、黒っぽく変色したものが枝に残っている。もっとも強く香るのはこの頃である。この実を枕に入れて眠ると、疲れが取れるばかりでなく、頭が良くなると信じられてきた。群落のなかで芽生えや幼木を見ることは非常に稀で、海流に運ばれて浜に漂着したものだけが芽生えるらしい。

ハマゴウ
シソ科
Vitex rotundifolia

雪上の
オタマジャクシ

フサザクラ
フサザクラ科
Euptelea polyandra

　フサザクラは、雄しべ、雌しべだけの花をつけ、花弁はない。樹皮がサクラに似るのでこの名で呼ばれる。冬、谷筋の道を歩くと、雪の上にオタマジャクシのような実が散らばっていた。動くはずはないのに動いているように見える不思議な形の実である。わが国では比較的よく見かける植物であるが、世界的には非常に珍しく、日本の特産種である。『日本植物誌』を著したシーボルトは、この実に着目し、ニレ（ニレ科）の実に似るとして、エウプテレア（美しいニレ）という学名で世界に発表した。

山火事を待つ実？

ブラシノキの原産国オーストラリアでは、花の蜜を吸う鳥ミツスイによって花粉が運ばれる。わが国で植栽されたものにも実ができるので、おそらくメジロかミツバチ類によるのであろう。丸い玉のような硬い実は、タネをずっとなかに閉じ込めたまま山火事を待つのだと聞いていた。ところが実のついた枝を標本にと紙に挟んでおいたところ、驚くべき結末が待っていた。コーヒーの粉状のタネが溢れんばかりに吹き出していたのだ。この木は山火事だけでなく、伐採や枝の破損をもあらかじめ想定していたのだ。

ブラシノキ
フトモモ科
Callistemon speciosus

上：ブラシノキの実は何年にもわたって蓄積されている
下：ブラシノキの花には花弁がなく、雄しべがその役割を果たしている

極寒の山中に咲く「氷の花」

　冬、茎の根元に霜柱(氷柱)をつくる植物がシソ科をはじめ、ほかの科にもいくつか知られている。その代表は、その名もずばりシモバシラである。しかしミカエリソウの場合は、それらの「氷柱」とはひと味違う。茎の途中にキャンディーのような美しい「氷の花」をつけるのだ。

ミカエリソウ
シソ科
Leucosceptrum stellipilum

ミカエリソウの「氷の花」いろいろ。2つと同じ形のものはない

金色の冠毛は いつ開く？

モミジバスズカケノキ
(プラタナス)

スズカケノキ科

Platanus acerifolia

　丸い玉は、実の集まったもの（集合果）で、1〜3個ずつ木に垂れ下がる。果柄は裂けやすいが強靭（きょうじん）で、風などの衝撃で実の一部にほころびができると実全体がほつれてくる。街路に落ちてころがった実の玉も、人に蹴られたり車に轢（ひ）かれたりしてバラバラになり、やがて金色の冠毛を広げる。ここからがいよいよ旅の始まりだ。ちょっと目を離したすきに木枯らしが吹いて、金色の冠毛を広げた実はあっという間に視界から消えていった。

カラスのサプリ？

ヤマウルシ
ウルシ科
Toxicodendron trichocarpum

　ヤマウルシの実には、ほかのウルシ類の実と違って、淡黄色の短い毛が生える。冬が近づくと、毛のある薄い果皮（外果皮）が自然に剝がれ、白地に黒の縦じま模様の中果皮（ちゅうかひ）が見えてくる。けっして派手な色ではないが、赤く色づいた葉をバックにするとけっこう目立つ。カラスはハゼやウルシ類の実を非常に好むという。その糞中からは多量のタネが見つかる。水分や糖分に富んだ色鮮やかな実と比べて、地味なウルシ類の実のほうが、栄養学的には優れているといわれている。

中果皮……ミカンの皮の白い部分など、外果皮と内果皮の間の果皮

079

冬に咲く
「2度目の花」

ユリノキ
モクレン科
Liriodendron tulipifera

　チューリップのような花を咲かせたユリノキは、その後、上向きの集合果（実の集まり）をつける。プロペラのような実は風に飛ばされ1つ、2つと外れていく。しかし、一番外側の実は外れることはない。まるでキク科の総苞のように全体を支える役目をしている。カップ状に並んで枝先に残る姿は、まるで冬に咲く「2度目の花」のようである。「すぐに外れる実」と「なかなか外れない実」、この時間差は植物にとっては我々の想像以上に重要な意味をもっているのかもしれない。

上：ユリノキの花
下：外れて地面に散った実

ヤブソテツ ｜ オシダ科 ｜ *Cyrtomium fortunei*

COLUMN
はてなのはて②

真冬の早朝
ヤブソテツの葉は？

　シダの葉脈が描き出す模様を脈理（みゃくり）と呼ぶ。大きな網目のなかに遊離小脈（短く突き出た脈）を伴う脈理はヤブソテツ類に特有のものである。ある時、ヤブソテツの脈理が黒く浮き出していた。まるで江戸時代の版画にでもありそうな柄（がら）なのでよく目立つ。普段は裏からよく見ないとわからないほど薄くて細い脈である。ところが、黒く浮き出る現象は、真冬の早朝に限って見られるということがわかった。お昼頃に見に行くと、消えて元に戻っていたのだ。冷蔵庫で再現を試みたがいまだ成功していない。

受難の果て

姿を変えて
サバイバル

アオキ
アオキ科(ガリア科)
Aucuba japonica

　薄暗い谷で、ほとんど葉をつけずに細い枝をからませたアオキを見つけた。ここ数年来シカによる食害の事態は深刻である。毒成分がなく、昔から牛馬の好飼料とされてきたこの植物をシカが見過ごすはずはない。柔らかい芽や葉から食べ始める。くり返し丸坊主にされると、常緑の木はやがて再起不能となるのが常である。ところがアオキの場合は少し違う。たとえ葉を食べ尽くされても、その青い幹や枝に光合成能力をもっている。コルク質の樹皮をつくらないことが幸いしたといえる。

古代の金漆とは?

カクレミノの幹に琥珀のような固まりが見つかる。カミキリムシが傷つけたりすると、樹脂(いわゆるヤニ)が分泌され、細菌の侵入を防いで固まる。最初は白いが、固まると黄金色になる。古代の中国や朝鮮では、近縁のチョウセンカクレミノの樹脂を塗料としたので金漆(きんしつ)の名がある。カクレミノ類の樹脂は、紫外線を照射すると蛍光を発する性質がある。わが国では、これとは別にコシアブラのことを金漆(ごんぜつ)と呼んでいたため混乱が生じた。

カクレミノ
ウコギ科

Dendropanax trifidus

天敵は忘れた頃に？

近寄ってみてもキョウチクトウと気づくまでに少し時間がかかった。葉の軸だけ残して食べ尽くされていたからだ。よく知られる有毒植物にも天敵はいるものである。インドからアフリカにかけて分布する昆虫スズメガの一種キョウチクトウスズメの仕業である。戦後、沖縄諸島などに連続して発生が伝えられ、近年になってから本土でも見かけられるようになったのは、温暖化の影響であろうか。しかし、突然あらわれてはまた姿を消すので、その動向を予測するのは困難である。

キョウチクトウ
キョウチクトウ科
Nerium oleander

天狗?
それとも
魔女のしわざ?

クロマツ
マツ科
Pinus thunbergii

　松毬の見事な集合体が自然界に存在する。人の手によるアートではない証拠に細工の跡はまったくない。クロマツの雌花の部位にテングス病を発症したもので、アカマツにも同様のものが見られるという。テングス病とは1つの病名ではなく、さまざまな微生物によって生じた「天狗の巣」に似た症状を言い表わしたもの。英語では「魔女の箒」と呼ぶ。担子(たんし)菌・子嚢(しのう)菌・細菌・ウイルス・ファイトプラズマの関与が報告されている。マツにできるこの自然アートは古くは「松ノ十カエリ花」と呼ばれて珍重された。

モンスターあらわる?

コセンダングサは、いまや先輩格のセンダングサをしのぐ勢いで殖えている。それを象徴するかのようなモンスターがあらわれた。枝先にある成長点が横に並んでくっついてしまい、茎の先端が広く扁平になる現象で、帯化(石化)と呼ばれる。成長が一様でないので、成長の遅いほうに傾く。筒状花がちょうどケイトウのように固まってつき、多数の総苞片がその周りを取り囲む。ケイトウの帯化は遺伝的に固定化しているが、コセンダングサの場合は、遺伝しないようだ。

コセンダングサ
キク科

Bidens pilosa var. pilosa

過保護の悲劇

ゴボウ
キク科
Arctium lappa

　ゴボウはヨーロッパ原産の多年草で、現在は北半球に広く分布する。牧草地の雑草として厄介者扱いされ、漢名では「悪実」と呼ばれる。花床に剛毛があり、先端が鉤となる針状の総苞片で、人の衣服や動物についてタネ（瘦果）が運ばれる。食べるために栽培するのは世界中でわが国だけである。根のほかに若芽や葉柄も食用とする。わが国では畑で大事に育てられるため、「悪実」をつけて動き回る動物がいない。長雨が続くと、茎に取り残されたままタネが発芽してしまうということが起きる。

鉄でよみがえる生命力

枯れそうになっても、根元に鉄屑を与えたり、鉄釘を打ち込むと元気を取り戻して蘇生する。まさに蘇鉄（そてつ）である。成長は遅いが、根に藍藻類を共生させて窒素を取り込んで利用しているので、痩せた土地や石の上でも育つことができる。幹の周りに出た枝株を土に埋めるとすぐに発根する。幹が破損すると、不定根を生じて驚異の生命力を発揮する。氷河時代を幾度も経験し、1億年以上も前から生き延びてきたのだ。

ソテツ
ソテツ科
Cycas revoluta

微生物によって
小型化する

タケニグサ
ケシ科
Macleaya cordata

　わが国の野草としては型破りに大きくなるタケニグサが、まるで魔法にでもかかったように小型化した。同時に枝分かれが多くなっている。近頃その解明が進む病原微生物ファイトプラズマに感染したものらしい。この微生物のタンパク質をうまく利用すると、人工的に「矮性植物」がつくり出せるとして注目されるようになった。クリスマスの頃、店頭に並ぶポインセチアがその実用化の例である。ただし、物語の結末によくある場面とは違い、その魔法がとけることはない。

『万葉集』が最古の記録

ヒヨドリバナ
キク科
Eupatorium chinense

　鮮やかな黄斑をもつヒヨドリバナの葉はよく目立つ。この美しい模様がウイルス病にかかって葉脈が黄化したものとわかったのは近年になってからのことである。かつてはキンモン（金紋）ヒヨドリと呼ばれ珍重され、古くは『万葉集』のなかに「黄葉（もみ）」と詠まれていたことがわかり（第19巻・孝謙天皇）、世界最古のウイルス病の記録となった。病にかかった株は、およそ3年のうちに命が尽きる運命にあるので、ヒヨドリバナの黄斑株は、古代から営々とウイルスによる病死をくり返してきたことになる。

驚くべき潜在能力

フジ
マメ科
Wisteria floribunda

　太い蔓をバッサリと伐られたフジは、その後どうなるのであろうか。伐られると蔓上部からの生長物質が切り口付近に滞って、不定根の形成を促し、まるで怪獣の口髭のようになる。フジはほかの木にからんでよじ登り、樹冠を覆って光を横取りするので、林業では嫌われ者だ。フジ蔓伐りは重要な作業の1つである。仮に、この髭が地面に達し、根を広げて張るようになれば、命はつながることになる。結末を見届けるためにもう一度訪れようと思う。

アイオオアカウキクサ ｜ サンショウモ科（アカウキクサ科） ｜ *Azolla cristata × filiculoides*

COLUMN
はてなのはて③

船の内外で
色を分ける

　水路に放置され、傾いた船には水がたまってオオアカウキクサ類が水面を覆う。船内のものは赤く色づいているが、船外は緑色である。アメリカオオアカウキクサ（北米〜中南米原産）とニシノオオアカウキクサ（北米原産）の人工交雑種といわれるアイオオアカウキクサである。水田の肥料にしたり、雑草が生えるのを抑えるために農業用に改良された。冬だけでなく、夏も赤くなる特性がある。船の内と外で色を変えるのは、いったいどのような環境の違いによるものなのだろうか。この風景にはその謎を解く鍵が隠されている。

生きる果て

岸辺を守る
剛強な数珠

ウキヤガラ
カヤツリグサ科
Bolboschoenus fluviatilis Scirpus

　ウキヤガラは、泥中に太くて丈夫な地下茎を走らせ、クワイのような形をした塊茎（かいけい）をところどころにつける。地上部が枯れ、水ぎわが洗われる冬の季節には観察しやすい。数珠つなぎの塊茎のネットが池の岸辺を守っている。薬用にもされ、良質のデンプンからできていると聞いたのでかじってみた。まったく歯が立たず、それどころかナイフの刃も欠けるほどの代物であった。春にはそこから大切な芽を出す塊茎が、そう簡単に食べられるようでは子孫を残すことなど望めないということだろうか。

塊茎……地下茎が肥大化して塊状になったもの

水没すると「浮き」になる

オオイヌタデ
タデ科
Persicaria lapathifolia

　陸生植物は冠水して水に浸かる(抽水する)と長く生きていけないのが普通である。しかし、陸生の一年草オオイヌタデは抽水すると、茎の節間が肥大して「浮き」となり、水面上で生育することができる。膨れた茎を縦に割ると中空になっていて、各節の下端から発根する。抽水生活が続くと、やがて下部の茎は腐り、完全に浮いた状態となる。まるで水に浸かることをあらかじめ予測していたかのようである。しかも、長い年月を経ての話ではなく、わずか1年の間でのことである。

名前も形も奇妙

冬を前にガガブタは殖芽(しょくが)を準備する。寒くなり葉が枯れ始めると、茎の先端が水底に沈んで太い根のようなものがブラシ状に集まる。このブラシは池のなかを水に流されて移動し、水ぎわに打ち上げられる。タネもできるが、繁殖と移動はこの殖芽によるところが大きい。春、殖芽から伸びてきた葉や茎を見ていると、ちょっと首をかしげてしまうことがある。葉柄が茎と同じ形で接続し、その境がはっきりしないのだ。奇妙なのは「豚」を連想させる変な植物名だけではないようである。

ガガブタ
ミツガシワ科
Nymphoides indica

殖芽……養分を蓄積した芽。水生植物に多い

落柿あとの
タネに発生

カキノミタケ
マユハキタケ科

Penicilliopsis clavariiformis

　カキはタヌキなどの小動物や鳥によって実が食べられ、体内を通過したタネだけが芽生える。カキの木の下では実生を見ないのはそのためである。カキノミタケは落柿の後に残されたタネから発生する。果肉によって発芽とともに菌の侵入も抑えられるので、落ちて間もないタネからは発生しにくい。いまでは山中にも普通に見られるカキという植物は、原産地が亜熱帯地域と推定され、もともとわが国に自生がなかったらしい。カキノミタケもカキに伴って南方からやって来たのだろうか。

ルーズな宿主選択

カナビキソウは発芽してしばらくは独立生活をしている。成長に伴い寄生根を出して、やがてほかの植物の根から養分をとるようになる。しかし自らも葉緑体をもつため、地上部から見破るのは難しい。掘り返してみると、その根が真っ白なので寄生している様子がよくわかる。宿主にされるのは、調べることのできた範囲でも9科17種と、じつに多種に及ぶ。基本的には根の太い多年生の植物を選ぶ。このように一見ルーズとも思える宿主選択が逆に将来の生き残りを保障しているのだ。

カナビキソウ
ビャクダン科
Thesium chinense

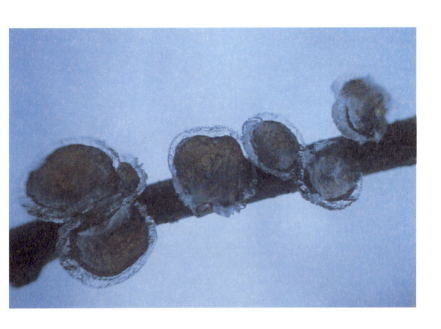

凍っても大丈夫

キクラゲ
キクラゲ科
Auricularia auricula

からからに乾いても、雨が降ると生き返って「耳たぶ」のような柔らかさをとりもどすのがキクラゲの特性である。真冬の早朝、キクラゲは凍っていた。その外側は厚い氷で覆われ白く光っている。細胞内が凍結すると、細胞はこわれてしまい、すなわち生物にとっては死を意味する。キクラゲの場合、表面は凍っているが、それは細胞の外である。温度が下がるにつれ脱水が進み、乾燥と同じ状態となる。しかし、乾燥に強いこのキノコは表面の氷が融けると、その水分で再び復活するのだ。

大口を開けるクチナシ？

春に花を咲かせたクチナシグサは、6月に入るや実をつける。異例の早さである。萼に包まれた実はクチナシ（アカネ科）にそっくりであるが、続いて予想外のことが起きる。熟すと実の側面が一文字に裂けて、口を大きく開くようにしてタネを出す。この植物はヒカゲスゲなどのスゲ類を宿主とする半寄生生活をしている。もし宿主が見つからないとしても、非常に小さくはなるが、枯死してしまうということはない。不安定な環境のもとで手に入れた、少し贅沢（ぜいたく）な気もする生き方である。

クチナシグサ
ハマウツボ科
Monochasma sheareri

2次元では
効果的な
受粉システム

クロモ
トチカガミ科
Hydrilla verticillata

　真夏の昼下がり、池の水面(みなも)に小さな花が漂う。周りにこんな花をつける木は見当たらない。それは、池のなかに群生するクロモから浮かび上がってきたものだった。クロモは雌雄異株の水草。雄花は、アワ粒のような蕾が成熟すると植物体から離れて、水面に浮かぶと同時に開花する。花弁が反り返って、ほんの少しの風でも滑るように移動できる。水面で咲いて待つ雌花のもとへ漂い続ける。この受粉システムは2次元の水面では効果的な方法と考えられ、探索理論として応用されている。

明治時代には根菜として

シロネとは、その太くて白い地下茎からつけられた名で、明治時代の書にも根菜として取り上げられている。しかし、実際にシロネの根元を引っぱっても白い紐状のものが出てくるだけで、とても食べられそうにない。秋も深まり、地上部が枯れたころに土の柔らかいところを選んで掘ってみた。するとチョロギ状のイモ（塊茎）がおもしろいほど出てきた。食用になるシロネとはこのことだったのである。紡錘（ぼうすい）形に膨れた部分から翌年芽が出て茎が直立する。

シロネ
シソ科
Lycopus lucidus

手間と労力のかかる「イモ」

スズメノヤリ
イグサ科
Luzula capitata

スズメノヤリには「シバイモ」という別名がある。たしかに群生すると「シバ」のように見えるが、「イモ」らしきものはどこにもついていない。掘り起こした株の切断面を見ると、根元付近に真っ白のデンプン様物質が隠されていた。葉鞘に包まれているので見つけにくい。春いち早く芽生えるための養分であろう。先人たちはこの「イモ」を集めて食用としたに違いない。微かに特有の香りがして、食べてみると甘い。茶碗1杯分ほど集めるのに、どれほどの手間と労力が要るものか、一度試してみればわかる。

1週間で姿を消す腐生ラン

タシロラン
ラン科
Epipogium roseum

　照葉樹の林床に横たわる倒木をずらすと、イモムシのようなタシロランのバルブ（偽球茎）があらわれた。根はまったくない。南方系の腐生ランで、わが国では長崎県諫早市の山中で発見された(1906年)。当時はきわめて珍しい植物であったが、近年になって急速に分布を拡大し、暖温帯域にまで及ぶようになった。栄養のすべてをイタチタケ・イヌセンボンタケなどのキノコに依存し、何年もかかって養分を貯える。ある日突然、花茎を伸ばして花を咲かせると、たった一週間で姿を消す。

"赤い糸"の効用

　水ぎわに打ち捨てられた"赤い糸"の束だと思った。この束がタチヤナギの根と気づくには少し時間がかかった。水辺に生活域をもつヤナギ類では、側根が上向きに伸びて通気根（呼吸根）となる場合がある。紫外線を除けるために赤くなるものが多い。ヤナギ類は"赤い糸"の効用で、ほかの樹木を抑えて水辺で生活できるようになった。この"赤い糸"をちゃっかり悪用（？）する話を聞いた。刻んで乾かし、高価なサフラン（雌しべ）の偽物をつくったという。人間の"果てなき欲望"の為せる業であろうか。

タチヤナギ
ヤナギ科
Salix subfragilis

2段、3段に連結した実

いったん開花を始めると、ツルナは次から次へと咲き続けて実をつける。そのなかに2段、3段と連結した実が見つかる。まるで親ガメが背中に子ガメを乗せるように、実の上にもう1つ実をつけている。萼筒（がくとう）部と次にできる実の柄が癒合・短縮した結果と考えられる。もともと葉腋に複数花の花序をもっていたものが退化して、1つずつ花をつける現在の姿になったのだろう。連結した実は、ツルナの古き姿をとどめる「先祖返り」現象ともいえる。

ツルナ
ハマミズナ科

Tetragonia tetragonoides

緑鮮やかな
「たけのこ」

ドクゼリ
セリ科
Cicuta virosa

　春先、セリとまちがえられてしばしば話題となるドクゼリは、太い地下茎に特徴がある。冬になると、その先端部の節間が短縮して肥厚（ひこう）し、「たけのこ」型となる。タネもつくるが、湖沼や池では水に浮くこの「たけのこ」によって生活圏を広げる。ゴミや水草の破片と一緒に流されて岸にたどり着き、そこで根づいて新しい生活を始める。冬の地下茎はとくに鮮やかな緑色となり、芽出しが美しいため、延命竹・万年竹などと呼ばれて観賞用にされるが要注意！

ネコの死体探知菌

ネコの死体探知菌として知られるキノコが近くの空き地に出た。人の手によって埋葬されたネコの死骸から発生する例が多いといわれる。このキノコは、近年になって従来のモグラノセッチンタケ（別名ナガエノスギタケ）から別種として分けられ、ナガエノスギタケダマシと名づけられた。木の根のように長く伸びた柄が特徴で、細くてちぎれやすい。手で少しずつ慎重に掘っていくと、やがて深さ10センチほどのところでネコと思われる骨にたどり着いた。

ナガエノスギタケダマシ
フウセンタケ科
Hebeloma radicosoides

共食いすら平気?

ネナシカズラの球形の実は、熟すと横に裂け、地上に落ちたタネは春に発芽する。芽を出したばかりの頃は根をもっていて、獲物を求めて茎は地面を這っていく。しかし、どんなものにでもよじ登るというわけではない。宿主が健全で適切なものか判断するのである。好みとなればイラクサのもっているような刺も役に立たない。共食いもありである。このタネには寄生生活を可能とするノウハウがすべて込められている。あとは実が裂けてタネが地上に落ちるのを待つのみである。

ネナシカズラ
ヒルガオ科
Cuscuta japonica

自らを裂いて自立する

バショウの葉は、若葉の時から側脈に沿って裂け目が入りやすく、雨粒で破れることもある。しかし裂けたり破れても、枯れることはない。自らの葉を細かく裂いて強い風にも倒されないようにすることで、この草（宿根草）は巨大化することができた。葉の元の部分が幾重にも重なり合って、硬くて丈夫な茎の代わりをしている。門人たちから贈られた一株のこの植物をえらく気に入り、のちに自らの俳号にまでした松尾芭蕉の思い入れをうかがい知ることができる。

バショウ
バショウ科
Musa basjoo

謎に包まれた
ルーツ

ハラン
キジカクシ科
Aspidistra elatior

　ハラン（葉蘭）の原産地は中国南部で、古い時代にわが国に渡来したと考えられていた。近年になって東シナ海に浮かぶ黒島・宇治群島（鹿児島県）に自生が確認された。直径2センチほどのミカンのような実は黄色に熟し、やがて粘質を増すが裂開はしない。宝石のような橙赤色のタネが数個入っている。葉は料理の飾りとして日本中で栽培されるが、繁殖はすべて株分けによる。立派な実をつけながらタネによる自然繁殖が見られないのは謎である。離島から本土へは鳥あるいは海流か、人の関与も考えられる。

放線菌のつくる不思議模様

ハンノキ
カバノキ科
Alnus japonica

　ハンノキ林に踏み入ると、足元にフジコブのような塊が連なっていた。これがハンノキの根粒といわれるもので、放線菌の一種によってつくられる。地中にできるが、表土が雨に流されていた。この共生菌は、ハンノキのタネが発芽するとまもなく根毛の先端から侵入して表皮層を通過し、内層の柔細胞内で分裂増殖をくり返すという。この硬い根粒を切断してみると、二叉(にさ)状あるいはサンゴ状分岐といわれる不思議な模様があらわれた。放棄田が数年のうちにハンノキ林になるのは、この菌によるところが大きい。

表向きは一年草

"菱もみじ"が終わると冬の到来となる。朽ちたヒシの浮葉の間に、ワサビに似た形の黒い根茎を見つけた。ヒシは一年草であるにもかかわらず茎の一部が残って冬を越すことがあり、擬越冬芽(ぎえっとうが)と呼ばれる。実のほうは熟すと果柄の先から自然に外れて池の底へと沈み、春までの深い眠りに入る。これは旱魃(かんばつ)や食害から身を守るためでもあるようだ。すきあらば驚異的な増殖能力を発揮するヒシという植物の"したたかさ"を垣間見る思いがした。

ヒシ
ヒシ科
Trapa japonica

気根をもつ一年草

北米原産のヒレタゴボウ(アメリカミズキンバイ)は、戦後わが国に渡来した。水湿地や浅水中に生えるが、ところによっては水田雑草の優占種となる。水田に侵入できるのは一年草だからである。この植物が気根(呼吸根)をもつことはあまり知られていない。浅水中の群落の周りには泥土に横走する根から分かれた支根が水面に向かって直上根となって列をなす。直上した根は、水面では浮いて横たわり「浮根」と呼ばれる。一年草では非常に稀な性質といえる。

ヒレタゴボウ
アカバナ科
Ludwigia decurrens

上:ヒレタゴボウの花
下:根は白く、海綿状で柔らかい

立派なタコ足状ニンジン

湿地の泥のなかからムカゴニンジンの根が姿を見せた。土を抱き込むようにタコ足状の形をしている。この根はいわゆる食用ニンジンのように主根が肥大したものではなく、その基部の節から出た側根が、主根に代わって養分を貯えたものである。地上部の茎や葉は非常に細く、ムカゴも小さく控え目であるが、それに比べて根は不釣り合いなほど立派である。不安定要因の多い湿地ほど、しっかりとした地下部が重要なのである。いざという時、何度でも「やり直す」ために。

ムカゴニンジン
セリ科
Sium sisarum

この繊細な植物の地下に太いイモがあるとは想像がつかない

お徳な「2個入り」

ヤブマメの地中果がおいしいことは、古代人のみならずネズミもよく知っていた。まとめて地中に隠すネズミの話もいまに残る。この実を探すのは、枯れた茎や葉のある秋の季節のほうが楽であるが、おいしくなるのは冬になってからである。地中果は、地上果の5〜7倍の大きさになり、そのなかにはタネ（豆）が1個ずつ入っている。ところが、2個ずつ入った地中果をつける株を偶然見つけた。いまのところ一株だけである。この株はネズミにも知られないように私だけの秘密にしている。

ヤブマメ
マメ科
Amphicarpaea edgeworthii

流れ着いた黒髪の正体

洪水のあと、下流の橋に長い黒髪が流れ着いた。村人たちは、川の上流に隠れすむ山姥（やまんば）の髪の毛に違いないと思い、神社に祀った。「髪流川」の名はいつの頃からか転じて「神流川」となった。ある地方では「神様の陰毛」として御神輿の御神体とする。落葉分解菌のホウライタケ属のキノコがつくる菌糸の束が、黒髪の正体である。湿度の高い森林内に発生する。その硬い針金のような菌糸束は黒褐色で光沢がある。木をよじ登り、時には木から垂れ下がり、子実体（かさ）をつける。

ヤマウバノカミノケ
キシメジ科
Marasmius

ガマ | ガマ科 | *Typha latifolia*

COLUMN
はてなのはて④

へんなガマ 大集合！

　近くの公園の池で、へんなガマを見つけた。ガマの穂が変形するには、花序（花穂）の軸が伸びる時に、何らかの要因が働いたと考えられる。昆虫・ダニあるいは微生物が関与しているか、水質または水分条件、そのほかの環境要因が考えられる。翌年、同じ池に行ってみたものの「へんなガマ」は見られなかった。

あとがき

冬休みの頃になると、スズメバチの巣は空になっているはずなのに、近寄ると勢いよく働きバチが出撃してきた。冬になっても生き残っているのである。守らなければならないものなど、もはやないはずなのに。

　季節感が薄れ、四季がなくなりつつあるともいわれる。そのなかで、自然界の生きものは季節感覚においても、またその順応性においても、季節の消長を「科学的」に論ずる我々人間よりもはるかに優れている。

　『落葉図鑑』『冬芽図鑑』『樹皮図鑑』『種子図鑑』『芽ばえ図鑑』『根系図鑑』など、近頃の図鑑は細分化され、じつに多岐にわたる。それらをそろえれば、ある植物についてのすべてがわかると勘違いしてしまうのも無理はないが、1つ欠けているものがある。それが植物の『なれの果て図鑑』である。

　本書がその序となれば幸いである。

　執筆にあたっては上横手尚子、後閑和夫両氏から多くのヒントと励ましをいただいた。

　最後に出版に際しては、無理の多い企画を快く引き受け、出版に導いてくださった淡交社『なごみ』編集部の八木育美さんに深く感謝申し上げたい。

平成29年2月　田中　徹

植物名五十音索引

| ア |

アイオオアカウキクサ ……………… 94
アオキ ……………… 84
アカバナ ……………… 口絵2
アカメガシワ ……………… 58
アキザキヤツシロラン ……………… 口絵1
アケビ ……………… 59
アザミ類 ……………… 56
アレチマツヨイグサ ……………… 24
イガクサ ……………… 口絵2
イチジク ……………… 60
イヌハギ ……………… 口絵3
ウキヤガラ ……………… 96
ウツボグサ ……………… 25
ウマゴヤシ ……………… 26
ウマノスズクサ ……………… 27
エニシダ ……………… 61
エビヅル ……………… 62
オオイヌタデ ……………… 97
オオオナモミ ……………… 28
オオブタクサ ……………… 29
オニルリソウ ……………… 30
オヒゲシバ ……………… 口絵4

| カ |

ガガイモ ……………… 31
ガガブタ ……………… 98
カキノミタケ ……………… 99
カクレミノ ……………… 85
カシワバハグマ ……………… 口絵9
カタハノアシ ……………… 16
カナビキソウ ……………… 100
ガマ ……………… 32, 122
カラスウリ ……………… 33
カラスノゴマ ……………… 口絵5
キクラゲ ……………… 101
キブシ ……………… 63
キョウチクトウ ……………… 86
キンコウカ ……………… 口絵6
ギンバイソウ ……………… 口絵7
クズ ……………… 34
クチナシグサ ……………… 102
クルマバハグマ ……………… 口絵9
クロマツ ……………… 87
クロモ ……………… 103
コウボウムギ ……………… 35
コウヤボウキ ……………… 口絵8
コセンダングサ ……………… 88
コバイケイソウ ……………… 口絵10
ゴボウ ……………… 89

| サ |

シオデ ……………… 36
ジャコウソウ ……………… 37
シュウメイギク ……………… 38
シロネ ……………… 104
スイラン ……………… 40
スズムシバナ ……………… 41
スズメノヤリ ……………… 105
セイタカアワダチソウ ……………… 42
センダン ……………… 18, 64
センナリホオズキ ……………… 43

名前	ページ
ソテツ	90

タ	
ダイコン	18
タウコギ	口絵11
タケニグサ	91
タシロラン	16, 106
タチヤナギ	107
タブノキ	65
ツクバネ	66
ツクバネウツギ	口絵11
ツルドクダミ	44
ツルナ	108
ツルニンジン	46
ツルボ	47
ドクゼリ	109
トベラ	67

ナ	
ナガエノスギタケダマシ	110
ナガバノコウヤボウキ	口絵8
ナギナタコウジュ	48
ナツエビネ	口絵12
ナニワズ	68
ニラ	49
ヌルデ	70
ネナシカズラ	111
ネムノキ	71

ハ	
バイカウツギ	口絵13

名前	ページ
バショウ	112
ハナミョウガ	50
ハマゴウ	72
ハマデラソウ	51
ハラン	113
ハンカイソウ	口絵13
ハンノキ	114
ヒシ	115
ヒヨドリバナ	92
ヒルガオ	52
ヒレタゴボウ	116
フサザクラ	73
フジ	93
フシグロ	口絵14
ブラシノキ	74

マ	
ミカエリソウ	76
ムカゴニンジン	118
モミジバスズカケノキ	78

ヤ	
ヤブソテツ	82
ヤブタバコ	54
ヤブマメ	120
ヤマウバノカミノケ	121
ヤマウルシ	79
ユリノキ	80

ワ	
ワルナスビ	55

著者略歴

田中 徹（たなかとおる）
京都教育大学講師（植物分類形態学・有用資源植物学）を経て、現在は京都府立植物園および京都市青少年科学センター学習相談員、京都植物同好会代表、カルチャー教室の講師などをつとめる。1990年には環境省絶滅危惧植物調査京都府担当。種生物学会・日本植物分類学会会員。著書に『京の路地裏植物園』（淡交社）がある。

花の果て、草木の果て　命をつなぐ植物たち

平成29年2月25日　初版発行

著者	田中　徹
デザイン	松田洋和
発行者	納屋嘉人
発行所	株式会社 淡交社

本社　〒603-8588 京都市北区堀川通鞍馬口上ル
　　　営業　（075）432-5151
　　　編集　（075）432-5161
支社　〒162-0061 東京都新宿区市谷柳町39-1
　　　営業　（03）5269-7941
　　　編集　（03）5269-1691
http://www.tankosha.co.jp

印刷・製本　大日本印刷株式会社

©2017 田中 徹　Printed in Japan　ISBN978-4-473-04165-4

定価はカバーに表示してあります。
落丁・乱丁本がございましたら、小社「出版営業部」宛にお送りください。送料小社負担にてお取り替えいたします。
本書のスキャン、デジタル化等の無断複写は、著作権法上での例外を除き禁じられています。
また、本書を代行業者等の第三者に依頼してスキャンやデジタル化することは、いかなる場合も著作権法違反となります。